BEI GRIN MACHT SICH IHR WISSEN BEZAHLT

- Wir veröffentlichen Ihre Hausarbeit, Bachelor- und Masterarbeit

- Ihr eigenes eBook und Buch - weltweit in allen wichtigen Shops

- Verdienen Sie an jedem Verkauf

Jetzt bei www.GRIN.com hochladen und kostenlos publizieren

Jan Siedentopf

Gesundheitsschädliche sekundäre Pflanzenstoffe. Ausarbeitung zum Fach Angewandte Humanernährung

GRIN Verlag

Bibliografische Information der Deutschen Nationalbibliothek:

Die Deutsche Bibliothek verzeichnet diese Publikation in der Deutschen Nationalbibliografie; detaillierte bibliografische Daten sind im Internet über http://dnb.d-nb.de/ abrufbar.

Dieses Werk sowie alle darin enthaltenen einzelnen Beiträge und Abbildungen sind urheberrechtlich geschützt. Jede Verwertung, die nicht ausdrücklich vom Urheberrechtsschutz zugelassen ist, bedarf der vorherigen Zustimmung des Verlages. Das gilt insbesondere für Vervielfältigungen, Bearbeitungen, Übersetzungen, Mikroverfilmungen, Auswertungen durch Datenbanken und für die Einspeicherung und Verarbeitung in elektronische Systeme. Alle Rechte, auch die des auszugsweisen Nachdrucks, der fotomechanischen Wiedergabe (einschließlich Mikrokopie) sowie der Auswertung durch Datenbanken oder ähnliche Einrichtungen, vorbehalten.

Impressum:

Copyright © 2012 GRIN Verlag, Open Publishing GmbH
Druck und Bindung: Books on Demand GmbH, Norderstedt Germany
ISBN: 978-3-668-01307-0

Dieses Buch bei GRIN:

http://www.grin.com/de/e-book/302078/gesundheitsschaedliche-sekundaere-pflanzenstoffe-ausarbeitung-zum-fach

GRIN - Your knowledge has value

Der GRIN Verlag publiziert seit 1998 wissenschaftliche Arbeiten von Studenten, Hochschullehrern und anderen Akademikern als eBook und gedrucktes Buch. Die Verlagswebsite www.grin.com ist die ideale Plattform zur Veröffentlichung von Hausarbeiten, Abschlussarbeiten, wissenschaftlichen Aufsätzen, Dissertationen und Fachbüchern.

Besuchen Sie uns im Internet:

http://www.grin.com/

http://www.facebook.com/grincom

http://www.twitter.com/grin_com

Gesundheitsschädliche sekundäre Pflanzenstoffe

Ausarbeitung zum Fach Angewandte Humanernährung

Jan Siedentopf

Hochschule Anhalt (FH)
Fachbereich 1: Ökotrophologie
Datum: 07.11.2012

Inhaltsverzeichnis

1. Einleitung 1
2. Gesundheitsschädliche Sekundäre Pflanzenstoffe 1
   - 2.1 Solanin 2
   - 2.2 Blausäure 3
   - 2.3 Lectine 4
   - 2.4 Oxalsäure 5
   - 2.5 Myristicin 6
   - 2.6 Estragol und Methyleugenol 6
   - 2.7 Cumarin 7
   - 2.8 Morphin 7
   - 2.9 Toxine in Giftpilzen 8
   - 2.10 Limonen und Toluol 9
3. Abschließende Bemerkungen 10
4. Quellen 11

1. Einleitung

In dieser Ausarbeitung beschäftige ich mich mit gesundheitsschädlichen sekundären Pflanzenstoffen. Hierzu ist im Voraus zu klären, was überhaupt „sekundäre Pflanzenstoffe" sind. Bei sekundären Pflanzenstoffen handelt es sich um zahlreiche Stoffe verschiedenster chemischer Struktur. In den Pflanzen liegen sie in meist relativ geringen Mengen vor. 5.000 bis 10.000 Stoffe sind hierbei dem Menschen über die Nahrung zugänglich. Sie können, dank funktioneller Eigenschaften und der verschiedenen chemischen Strukturen in Polyphenole, Carotinoide, Phytoöstrogene, Glucosinolate, Sulfide, Monoterpene, Saponine, Protease-Inhibitoren, Phytosterine und Lectine eingeteilt werden. Sie führen jeweils spezielle Aufgaben aus und sind daher nicht notwendig für den Primärstoffwechsel einer Pflanze. Das nicht Vorhandensein von sekundären Pflanzenstoffen ergibt für den Menschen keine Mangelerscheinungen. Allerdings bestehen bestimmte Wirkungen auf den Organismus, auch steht die gegenseitige Beeinflussung der sekundären Pflanzenstoffe zur Diskussion. Überwiegend sind sekundäre Pflanzenstoffe positiv zu bewerten in Bezug auf die menschliche Gesundheit. Dennoch gibt es unter ihnen Substanzen, die den menschlichen Organismus schädigen oder sogar bis zum Tod führen können.[i]

2. Gesundheitsschädliche Sekundäre Pflanzenstoffe

Die gesundheitsschädliche Wirkung bestimmter Sekundärer Pflanzenstoffe ist darin begründet, dass sich im Verlaufe der Evolution die Pflanzen im Bezug auf Feinde angepasst haben. Zum Schutz vor Schadorganismen, wie Pilzen, Bakterien, Viren, Nematoden oder Fraßfeinden bildeten sie strukturelle Eigenschaften, wie etwa Dornen und harte Schalen oder chemische Substanzen, mit gegen ihre Feinde gerichteten Eigenschaften aus.[ii]
Im Folgenden werde ich einzelne schädliche Substanzen vorstellen.

2.1 Solanin

α-*Solanin* zählt zu den *Glycoalkaloiden*, wobei ein Zuckerrest mit differenter Verknüpfung es von seinem Verwandten, dem α-*Chaconin* unterscheidet. Das Solanin hat einen leicht bitteren Geschmack. Glycoalkaloide haben die Eigenschaften wasserlöslich und hitzebeständig zu sein. Dieser Aspekt schließt ein, dass sie nicht während des Kochens von Lebensmitteln unschädlich gemacht werden, sodass sie in das Kochwasser übergehen.

Vor allem Nachtschattengewächse, wie Kartoffeln, Auberginen und Tomaten enthalten Solanin. Ebenso sind unreife Früchte und grüne Stellen als Quelle eines hohen Solaningehaltes zu nennen.

In der Kartoffelpflanze ist Solanin unregelmäßig verteilt. Der Gehalt in Blättern, Blüten und Keimen ist sehr hoch, während die Knolle geringer betroffen ist. Dennoch ist auch hier ein Solaningehalt zu beachten. In der Schale der Knolle liegt mehr des schädlichen Pflanzenstoffes vor, als im Inneren der Knolle. Stress beim Transport der Kartoffeln, Lichteinflüsse, mikrobieller Befall oder mechanische Beschädigung der Knolle, kann den Glycoalkaloidgehalt stark ansteigen lassen.

Ab einer Dosis von 20 bis 25 mg/100 g Lebensmittel wirkt Solanin toxisch. Die Aufnahme von etwa 400 mg/100g Lebensmittel ist tödlich. Für Kinder gelten weitaus niedrigere Dosen. Vor allem die Tomate ist eine weitere Quelle für Solanin, besonders die Grünen Tomaten enthalten hohe Mengen. Grüne-Tomaten-Konfitüren oder Chutneys sind daher mit Vorsicht zu genießen. Durch süß-saures Einlegen, milchsaures Einlegen oder Zugeben von Zucker, kann der Gehalt gering vermindert werden.

Bei einer Vergiftung kommt es zu Symptomen, wie Kopf- und Magenschmerzen, Übelkeit, Erbrechen, Durchfall, Nierenreizungen, Kratzen im Hals oder sogar zur Hämolyse, Störungen des Kreislaufs oder der Atemfunktion, als auch zur Schädigung des Zentralen Nervensystems, unter Krämpfen und Lähmungserscheinungen.

Entsprechende Verzehrslimitationen sind daher sinnvoll, sowie mögliches Schälen des Gemüses, bzw. Verzehr von reifen Früchten. Kartoffeln sollten bei ca. 10°C gelagert werden und nicht unnötigem Licht oder Stress ausgesetzt werden. Auf Grund der Hitzestabilität ist das Kochwasser immer vom zu verzehrenden Gut zu trennen.[iii][iii]

2.2 Blausäure

Blausäure ist in zahlreichen Pflanzen anzutreffen, wie Bittermandeln, Kernen von Äpfeln, Zitronen, Birnen, in Steinen von Aprikosen, Kirschen und Pfirsichen – als Amygdalin bekannt. Weiter kommt Blausäure in Cassava – der Maniokknolle, Bohnen und Leinsamen als *Linmarin* vor. Die Blausäure kommt generell als Form unterschiedlicher *Glycoside* vor, diese Glycoside werden als *Cyanogene* bezeichnet. Die Glycoside selber sind für den Organismus nicht toxisch, allerdings werden sie im Dickdarm, von den dort vorliegenden Bakterien gespalten, wobei die Blausäure frei wird.

In Deutschland ist die Blausäure in Bittermandeln populär, früher traten häufig Vergiftungen auf. 60 Bittere Mandeln sind in der Lage einen erwachsenen Menschen zu töten, 5-8 Stück oder 10 Tropfen Bittermandelöl reichen aus um ein Kleinkind vom Dasein zu lösen. Durch Verwendung von Bittermandelaroma oder der „Entfernung von Blausäure" bei der Herstellung von Marzipan (erzeugt aus Mandeln oder Persipan – hergestellt aus Aprikosenkernen) wurde die Gefahr jedoch weitest gehend beseitigt.

Anders ist es in den tropischen Gebieten Afrikas, Asiens und Lateinamerikas, dort ist die Cassava oder auch Maniokknolle das Hauptnahrungsmittel. Hier wird die Knolle einem aufwändigen Verarbeitungsprozess unterzogen, um dem Blausäuregehalt zu mindern. Zudem sind in diesen tropischen Landen große Mengen an Blausäure haltigen, unreifen Bambussprossen, Zuckerrohr, Zuckerhirse oder Süßkartoffeln zu finden.

Die Folgen der Blausäurewirkung liegen in der Blockierung der Atmungskette, indem sie Enzyme hemmt, als auch das Eisen des Hämoglobins blockiert. Es kommt in Folge dessen zu einer inneren Erstickung, der Organismus läuft blau an. Daher werden Krankheiten, bei denen der Mensch blau anläuft auch als *Cyanosen* bezeichnet. Es treten Symptome, wie Atemnot, Schwindel, Erbrechen, Angstzustände, Blaues Anlaufen, Atemkrämpfe und Bewusstlosigkeit auf. In Folge einer langfristigen, aber in geringen Mengen stattfindenden Aufnahme von Blausäure kann es zu Störungen des Bewegungsablaufes, Sehstörungen und spastischen Muskelschwächen kommen.

Die Aromenverordnung in Deutschland sieht Grenzwerte für den Blausäuregehalt in Lebensmitteln vor. So dürfen je Kilogramm Lebensmittel generell 1 Milligramm Blausäure enthalten sein, in Nougat, Marzipan oder ähnlichem sind 50 mg/kg Körpergewicht erlaubt. Alkoholische Getränke dürfen 1 mg/ kg je Volumenprozent enthalten.

Die toxische Wirkung von Blausäure wird beim Kochen ab mindestens 25 °C aufgehoben, Stampfen oder andere technologische Schritte wirken sich auch mindernd auf den Gehalt aus. Beim Verzehr von Leinsamen und Mandeln ist Obacht geraten. Steine von Steinobst sollten generell nicht der Nahrung angehören. [v] [iii] [v]

2.3 Lectine

Weitere potentiell gesundheitsschädliche, sekundäre Pflanzenstoffe sind die *Lectine*, hierbei handelt es sich um eine homogene Gruppe von *Proteinen und Glycoproteinen*. Der Mensch ist in der Lage sie auch selber zu synthetisieren. Größten Teils werden sie durch Erhitzen inaktiviert.

Im Tierversuch wurden Ratten mit einem Futter versorgt, indem die einzigen Proteinquellen Lectine aus Bohnen waren. Die Folge des Experimentes war, dass je nach angewandter Bohnensorte, die Tiere innerhalb von 4-8 Tagen verstarben. Ein Zusammenhang zwischen Lectingehalt und Bohnensorte wurde ermittelt. Lectine weisen die höchst akute toxische Potenz der sekundären Pflanzenstoffe auf. Tatsächlich ist die toxische Wirkung darin begründet, dass diese Pflanzenproteine Kohlenhydrate reversibel binden. Außerordentlich toxisch ist das *Ricin*, hierbei handelt es sich um eines der bekanntesten und potentesten Gifte, stammend aus dem Ricinussamen. Schon 5 µg/kg Körpergewicht sind tödlich.

Auf Grund der Kohlenhydrat bindenden Eigenschaften, haften sich Lectine in vitro an die Außenschicht der Erythrozyten und verursachen ein Verklumpen – eine Agglutination, deshalb werden sie als *Phytohämagglutinine* bezeichnet. Werden Lectine über die Nahrung aufgenommen, so binden die Lectine an die Kohlenhydrate der intestinalen Mucosa und beeinflussen so das Resorptionsvermögen der Mucosazellen. In höheren Dosen wirken sie destruktiv auf die Darmzotten. In Folge der Wirkungen verursachen sie blutige Durchfälle, Erbrechen, tonische Krämpfe oder führen bis zum Tod. Sie sind somit Verursacher *hämorrhagischer Gastroenteriden*. In die Blutbahn gelangt schädigen sie innere Organe, wie Leber und Nieren.

Zu finden sind Lectine in Leguminosen, wie Saubohnen, Feuerbohnen, in Weizen und in geringen Mengen in Äpfeln, Karotten, Mais, Bananen, Himbeeren, Nüssen, Zwiebeln, Tomaten und Kartoffeln. Weizenlectine sind hitzestabil, wodurch Kochprozesse sie nicht beeinflussen. Allerdings ließen sich bei diesen keine negativen Wirkungen auf den menschlichen Organismus nachweisen. Durch Kochen, besonders der Bohnen für etwa 15 min. wird der Lectingehalt in der Regel erfolgreich unschädlich gemacht.

Tatsächlich werden Lectine hinsichtlich ihrer Krebs tötenden Eigenschaften seit Ende der 1980er Jahre erforscht. Vor allem das Mistellectin findet Anwendung als Behandlung gegen Krebs, jedoch ist die Wirkung umstritten, da die Mistellectine zwar malige Zellen erkennen und diese zur *Apoptose* zwingen, aber auch umliegende gesunde Gewebe schädigen. Es gilt in der Zukunft die selektiv toxische Wirkung zu ermöglichen, um nur die Krebszellen zu schädigen. [vi][vii][viii][v]

2.4 Oxalsäure

Eh es bei der *Oxalsäure* zu Symptomen, wie Atemnot, Krämpfen, Kreislaufkollaps, Erbrechen blutigen Mageninhaltes, Leberschäden oder akutem Nierenversagen kommt, müssen größere Mengen aufgenommen worden sein. Tatsächlich ist der menschliche Organismus in der Lage täglich eine Dosis von 600 bis 700 Milligramm Oxalsäure ohne Schadeffekte aufzunehmen. Wird Nahrung mit einem gewissen Oxalsäuregehalt über längere Zeit aufgenommen, ist der Organismus entsprechend disponiert oder ist die Niere bereits geschädigt, so kann es zu Nierensteinen kommen. Dies ist darin begründet, dass Oxalsäure mit dem Calcium in Harnkanälen und Nieren auskristallisiert, man spricht von dem Salz *Calciumoxalat*. Die Kristalle sind in der Lage die Nierentuboli zu schädigen. Zudem bindet die Säure Mineralstoffe und Eisen, wodurch es zu einem Mangel an Eisen, Calcium oder auch Vitamin-D kommen kann. Daher ist besonders dann auf eine ausreichende Versorgung des Organismus mit Vitaminen Wert zu legen. Sinnvoll ist es daher besonders den Einfluss auf Menschen zu untersuchen, die auf eine Erhöhte Versorgung von Calcium angewiesen sind. Kinder im Wachstum und Schwangere benötigen Calcium im Übermaß, wird dieses jedoch durch die Oxalsäure gebunden, so entsteht ein Mangel. Daher ist als Gegenmaßnahme eine reichliche Zufuhr an Milch und Milchprodukten zu empfehlen. Auch Nüsse stellen einen hervoragenden Calciumquell dar. Wer Osteoporose präventiv leben möchte, sollte also auf Oxalsäure verzichten.

Als Oxalsäure haltige Lebensmittel sind Spinat, Mangold, Rote Rüben, Sellerie, Sauerampfer, Grünkohl, Porree, Kakaobohnen und vor allem Rhabarber bekannt. Für den Verzehr von Rhabarber gilt, dass er ab Juli nicht mehr verzehrt werden soll, denn dann ist der Oxalsäure Gehalt bereits zu hoch. Generell sollten nur die Stiele der Rhabarberpflanze verzehrt werden, da Blätter und Randschichten eine erhöhte Oxalsäurekonzentration aufweisen. Zudem sollten die Stiele blanchiert oder gekocht werden, ehe sie gegessen werden.

Eine indirekte Quelle für Oxalsäure sind unreife Stachelbeeren, hier liegt die Verbindung *Glyoxylsäure* vor, die im menschlichen Organismus zu Oxalsäure abgebaut wird. Chemisch gesehen ist die Oxalsäure eine Dicarbinsäure, ihren Nahmen gewann sie durch die erstmalige Entdeckung im Sauerklee (Oxalis acetosella).[ix][x]

2.5 Myristicin

In seiner chemischen Struktur ähnelt das *Myristicin* der Droge *Mescalin*. Es kommt in der Muskatnuss, im ätherischen Öl der Petersilie und in Virola-Harzen vor. Auch befinden sich kleinere Mengen im Dill, Anis und Zitronenöl. Ab etwa 5 g, was der Menge einer kleinen Muskatnuss entspricht, kommt es zu toxischen Effekten. Hierbei handelt es sich um Übelkeit, Erbrechen, Schweißausbrüche, Bauch- und Kopfweh, geringer Puls, Todesangst, Kollapsen und Delirien. Unter Umständen trat in der Vergangenheit auch der Tod ein. Bekannt ist Myristicin auch für seine halluzinogene Wirkung, wobei dieser Effekt auch auf einen zweiten Inhaltsstoff der Muskatnuss zurückzuführen ist – dem *Elimicin*.

Für Kinder ist das Pulver der Muskatnuss sehr gefährlich. Der Genuss zweier Muskatnüsse wäre für diese tödlich.

Muskatnuss ist auf Grund des Myristicingehaltes eine beliebte Alternative zu herkömmlichen Drogen wie Marihuana. In den USA ist das Ausgeben ganzer Muskatnüsse in Strafanstalten daher verboten!

Eine kanzerogene Wirkung des Myristicin wird eher ausgeschlossen.[xi][xii][xiii]

2.6 Estragol und Methyleugenol

Estragol und *Methyleugenol* kommen natürlich in Kräutern und Gewürzen vor, sie sind Teil Ihres Aromas. Diese Aromastoffe sind in Lebensmitteln wie Anis, Fenchel, Basilikum, Estragon, Muskatnuss, Piment und Lemongras zu finden. Bei einem Tierversuch an Ratten fand man heraus, dass sich Estragol und Methyleugenol schädigend auf das Erbgut auswirken und sogar kanzerogen sind. Der Versuch ist zwar nicht unbedingt auf den Menschen übertragbar, jedoch sollte Vorsicht walten gelassen werden. Das Bundesinstitut für Risikobewertung hat sich in den Vergangenen Jahren mehrfach mit diesen Stoffen beschäftigt und hierzu mehrere Publikationen im Internet veröffentlicht. Hierbei wird zum seltenen und geringen Verzehr von Lebensmitteln geraten, die diese Aromastoffe enthalten. Genaue Grenzwerte sollen in der Neufassung der Aromastoffverordnung festgelegt werden. Kritisch sind in diesem Zusammenhang Fencheltee, Basilikum Zubereitungen mit Öl, wie Pesto und in der Weihnachtszeit Anis zu sehen, da diese Räumlich oder Zeitlich oft genutzt werden. Was jedoch den Fencheltee anbelangt, so gehen die Meinungen in Richtung Unbedenklichkeit. Der heiße Sud von Fenchel soll nur geringe Mengen an Estragol und Methyleugenol aufweisen, sodass das Hausmittel gegen Bachschmerzen und Blähungen, besonders auch bei Säuglingen, keine größeren Bedenken erregt.[xiv][xv][xvi][xvii]

2.7 Cumarin

In den vergangenen Jahren machten Fachzeitschriften und andere Medien immer wieder aufmerksam auf den Duftstoff *Cumarin*. Insbesondere vor der Weihnachtszeit mehren sich warnende Hinweise vor der Verwendung von Zimt, denn Cumarin ist in Teilen des Zimts zu finden. Tatsächlich ist Cumarin jedoch vor allem als Duftstoff des Waldmeisters bekannt. Grund hierfür ist die Isomerisierung von *Melitosid* innerhalb der frischen Waldmeisterpflanze, welche beim Trocknen vollzogen wird.

Jedoch ist die Bedeutung in Zimt größer, da dies innerhalb Deutschlands ein beliebtes Gewürz ist – speziell der *Cassia-Zimt*, mit welchem Gebäcke, Kompotte und Süßspeisen verfeinert werden. Auch Glühweine, Tees, Liköre und Punsche erfreuen sich, gerade zur Weihnachtszeit, einer leichten Zimtnote. Der Orient verwendet Zimt auch gern für das Anrichten von Reis, Fleisch, Fisch und Gemüsegerichten.

In geringen Dosen lindert Cumarin Schmerzen und wirkt erfrischend. Ab einer höheren Dosierung wirkt es jedoch gesundheitsschädlich! Es kommt zu Kopfschmerzen, Schwindel oder sogar zu Atemstillstand und Koma. Tierversuche zeigten, dass Cumarin Krebs auslöst. Die Aufnahme über einen längeren Zeitraum schädigt die Leber, aber reversibel. Einige Medikamente zur Bekämpfung von Ödemen basieren auf Cumarin, so dass es mitunter zu Leber schädigenden Effekten kommen kann.

Auf Grund dieser Tatsachen ist die Zugabe von isoliertem Cumarin bei der Herstellung von Lebensmitteln verboten, dies wird in der Aromenverordnung geregelt. Da bereits genannter Zimt das Cumarin natürlich enthält, werden hier entsprechende Grenzwerte für Lebensmittel vorgegeben. So darf nicht mehr als 2 mg Cumarin je kg Lebensmittel im Produkt enthalten sein. Als Täglich zur Aufnahme geeignete Dosis ohne schädliche Wirkung ließ das Bundesinstitut für Risikobewertung bekannt geben: 0,1 mg je kg Körpergewicht pro Tag sind tolerabel. Erwachsene füllen diesen Grenzwert mit ca. 15 Zimtsternen aus, Kinder jedoch mit bereits 3 Zimtsternen. Die einzelnen Bundesländer sprachen bereits Empfehlungen zum Zimtverzehr aus. Dies ist z.B. im „Verbraucherfenster Hessen" der Fall. [xviii] [xix] [xx]

2.8 Morphin

Weiterhin interessant ist das *Morphin*, welches in Mohnsamen vorkommt ist ein *Alkaloid*. Mohnsamen werden häufig bei der Herstellung von Broten, Brötchen und Kuchen verwendet. Der bei uns verwendete Speisemohn enthält zwar nur geringe Mengen an Alkaloiden, jedoch hat der Gehalt dieser Zugenommen. Je nach verschiedenen Umständen, wie Erntezeitpunkt, Ernteort und Sorte der Mohnpflanze richtet sich auch der Gehalt an Morphin. Wird Mohn außerhalb des generellen Verwendungszwecks gebraucht, so treten bereits Nebenwirkungen

auf. Der Verbraucher, vor allem Schwangere sollten Morphin meiden, bis es gelungen ist Seitens der Hersteller den Morphingehalt zu senken. Dieser ist durch technologische Schritte, wie Waschen mit Heißem Wasser, Mahlen, Dämpfen möglich. Die Verunreinigung mit Morphin liegt in der Tatsache begründet, das Alkaloid haltige Stücken der Mohnkapseln oder Milch des Mohns unter die Samen gelangen. Eine Verringerung des Morphingehaltes ist zudem angestrebt, um die Gefahren durch Missbrauch zu mindern.
Denn Morphin ist ein *Opiates Schmerzmittel*, das nicht nur in der Medizin Anwendung findet, um starke Schmerzen zu mindern, sondern auch als Rauschmittel missbraucht wird. Morphin ist in der Lage die Stimmung zu heben ohne dabei das Bewusstsein vollkommen auszublenden. Morphin wirkt über das Brechzentrum auf die Atmung und den Hustenreiz, in Folge dessen sind Erbrechen und Übelkeit möglich. Eine erhöhte Herzfrequenz, hoher Blutdruck und Verkleinerung der Augenpupillen sind weitere Folgen, zudem werden vermindert Giftstoffe durch den Harn ausgeschieden und der Darm gelähmt, wodurch es zu Verstopfungen kommen kann. [xxi]

Auf Grund der Bedenken bezüglich des Morphingehaltes, hat das Bundesinstitut für Risikobewertung Grenzwerte verlauten lassen. So ist nicht mehr als 6,3 Mikrogramm Morphin pro Kilogramm Körpergewicht als tägliche Aufnahmedosis empfohlen. In Anbetracht üblicher Verzehrsgewohnheiten ist somit ein Gehalt von 4 Milligramm Morphin pro kg Mohnsamen nicht erwünscht. [xxii]

2.9 Toxine in Giftpilzen

Bei der Vergiftung durch Pilze sind zwei Arten bekannt. Die „echten Pilzvergiftungen" und die „unechten Pilzvergiftungen". Unechte Pilzvergiftungen können von Mikrobiellen Verderb verursacht werden oder auch von psychischen Einbildungen, Allergien oder simplen Unverträglichkeiten. [xxiii]

Die echten Pilzvergiftungen werden durch, wie der Name vermuten lässt, echte Toxine verursacht, wobei es *peptidische* und nicht *peptidische* Gifte gibt.
Zu den nicht peptidischen Pilzgiften gehört z.B. das *Muskarin* im Fliegenpilz.
Ein bekanntes peptidisches Gift ist das *Gyromitrin*, welches wir in der Frühjahrslorchel finden. Dieses Toxin besteht aus mehreren Aminosäuren und ist krebserregend, führt zu Beschwerden von Magen und Darm, schädigt die Leber und die Nieren, im schlimmsten Fall kommt es zum Tod. Durch Hitzeeinwirkung wird das Gift jedoch unschädlich gemacht. Sodass Kochen des Pilzes empfehlenswert ist. Dies betrifft auch die Gifte aus Hallimasch, Nebelkappe oder Perlpilz. Vorbeugend sind Waldpilze generell vor dem Verzehr zu kochen.

Einer der berüchtigtsten Pilze ist der Knollenblätterpilz, welcher *Amatoxine* und *Phallotoxine* beinhaltet. Diese Toxine lagern sich an Proteine an und sorgen so für das Absterben von Zellen, auch hier sind Leber, Nieren und Magendarmtrakt schädlich betroffen.

Der Tintling enthält eine Substanz Namens *Coprin*, diese Substanz sorgt für Übelkeit, Hitzewallungen, Atemnot, Schwindel, Herzklopfen und Kreislaufkollaps. Es wird vom *Coprinius-Syndrom* gesprochen. Interessant ist die Wirkung von Coprin auf den Alkoholabbau, denn Coprin hemmt diesen. Auf Grund dieser Tatsache ist vom Alkoholgenuss vor und nach der Aufnahme des Tintlings abzuraten. [xxiv]

Eine andere Substanz ist das *Agaritin*. Es kommt in frischen Champignons vor, mit einem Gehalt von ca. 400 parts per Million. Hier besteht der Verdacht auf Krebs erregende Wirkung. Auf Grund dieser Tatsache ist auch vom häufigen Verzehr frischer Champignons abzuraten. [xxv,xxvi]

2.10 Limonen und Toluol

Neben den genannten und beschriebenen gesundheitsschädlichen sekundären Pflanzenstoffen wären noch *Toluol* (z.B. im Absinth) und Limonen aus Zitrusfrüchten zu nennen. Toluol hat schon Vincent van Gogh dazu verleitet sich ein Ohr abzutrennen. Während Limonen reizende Wirkung besitzt und Allergien auslösen soll. [xxvii]

3. Abschließende Bemerkungen

Die hier genannten und beschriebenen „gesundheitsschädlichen sekundären Pflanzenstoffe" sind die negativen Aspekte der „Gesunden Ernährung" durch Pflanzen und Pflanzenteile. Weitgehend jedoch sind im Verlauf der letzten Jahre positive Wirkungen der sekundären Pflanzenstoffe bekannt geworden.

Für Vegetarier und andere Fans von Rohkost liegen in diesem Bereich sicherlich einige Gefährdungen. Pflanzen bildeten im Verlaufe der Evolution diese Stoffe um sich vor Fraßfeinden zu schützen, dies lässt die Schlussfolgerung zu, dass technologische Schritte und Verarbeitungsprozesse äußerst sinnvoll sind.

Die Toxikologische Gefahr zu mindern ist angestrebt, daher ist es für den einzelnen Verbraucher nur ratsam Gefahren durch eine abwechslungsreiche Ernährung zu streuen! Dies mindert zum Einen das Problem der Überschreitung der empfohlenen Tagesdosen, zum Anderen ist es möglich, dass sich unterschiedliche sekundäre Pflanzenstoffe gegenseitig positiv beeinflussen.

Ich danke an dieser Stelle für Ihre Aufmerksamkeit und möchte noch bemerken:

Toxikologische Gefährdungen liegen überall, wichtig ist es das gesunde Maß zu finden.

4. Quellen

[i] http://www.dge.de/modules.php?name=News&file=article&sid=1019

[ii] WILEY-VCH Verlag GmbH, Johannes Friedrich Diehl, Chemie in Lebensmitteln – Rückstände, Verunreinigungen, Inhalts- und Zusatzstoffe, 2000, Stichwort „Sekundäre Pflanzenstoffe", 2. Auflage, S. 181 ff..

[iii] AID, Ernährung im Fokus, 7-06/07,Stichwort „Gesundheitsschädliche Sekundäre Pflanzenstoffe", S.187.

[iv] AID, Ernährung im Fokus, 7-06/07,Stichwort „Gesundheitsschädliche Sekundäre Pflanzenstoffe", S.187 f..

[v] WILEY-VCH Verlag GmbH, Johannes Friedrich Diehl, Chemie in Lebensmitteln – Rückstände, Verunreinigungen, Inhalts- und Zusatzstoffe, 2000, Stichwort „Sekundäre Pflanzenstoffe", 2. Auflage, S. 186-188.

[vi] http://heilpflanzen-info.ch/cms/blog/archive/tag/misteltinktur

[vii] http://www.spiegel.de/spiegel/print/d-14354514.html

[viii] WILEY-VCH Verlag GmbH, Johannes Friedrich Diehl, Chemie in Lebensmitteln – Rückstände, Verunreinigungen, Inhalts- und Zusatzstoffe, 2000, Stichwort „Sekundäre Pflanzenstoffe", 2. Auflage, S. 188 f..

[ix] http://www.lebensmittelwissen.de/lexikon/o/oxalsaeure.php

[x] AID, Ernährung im Fokus, 7-06/07,Stichwort „Gesundheitsschädliche Sekundäre Pflanzenstoffe", S.188 f..

[xi] AID, Ernährung im Fokus, 7-06/07,Stichwort „Gesundheitsschädliche Sekundäre Pflanzenstoffe", S.190 f..

[xii] http://www.toxcenter.de/stoff-infos/m/myristicin.pdf

[xiii] http://www.ncbi.nlm.nih.gov/pubmed/9496377

[xiv] AID, Ernährung im Fokus, 7-06/07,Stichwort „Gesundheitsschädliche Sekundäre Pflanzenstoffe", S.190.

[xv] http://www.bfr.bund.de/cm/208/minimierung_von_estragol_und_methyleugenol_gehalten_in_lebensmitteln.pdf

[xvi] http://www.bfr.bund.de/cm/208/gehalte_an_cumarin_safrol_methyleugenol_und_estragol_in_lebensmitteln1.pdf

[xvii] http://www.bfr.bund.de/cm/208/gehalte_an_cumarin_safrol_methyleugenol_und_estragol_in_lebensmitteln.pdf

[xviii] AID, Ernährung im Fokus, 7-06/07,Stichwort „Gesundheitsschädliche Sekundäre Pflanzenstoffe", S.190.

[xix] http://www.verbraucherfenster.de/irj/VF_Internet?rid=HMULV_15/VF_Internet/nav/454/454 33a3c-a9ee-611a-eb6d-f144e9169fcc,61c70d37-84bc-1711-3935-b91962bb4199,,,11111111-2222-3333-4444-100000005003%26overview=true.htm&uid=45433a3c-a9ee-611a-eb6d-f144e9169fcc

[xx] http://www.paracelsus.de/heilv/natur_152.html

[xxi] http://medikamente.onmeda.de/Wirkstoffe/Morphin/wirkung-medikament-10.html

[xxii] AID, Ernährung im Fokus, 7-06/07, Stichwort „Gesundheitsschädliche Sekundäre Pflanzenstoffe", S.191.

[xxiii] http://www.gifte.de/Giftpilze/unechte_pilzvergiftungen.htm

[xxiv] http://www.medicalforum.ch/pdf/pdf_d/2004/2004-19/2004-19-481.PDF

[xxv] AID, Ernährung im Fokus, 7-06/07, Stichwort „Gesundheitsschädliche Sekundäre Pflanzenstoffe", S.192.

[xxvi] Aufzeichnungen aus dem Fach: „Toxikologie" mit Dietlind Hanrieder, 2. Semester des Ökotrophologiestudiums (BA).

[xxvii] A.T. Karlberg et al. (1992): Air oxidation of d-limonene (the citrus solvent) creates potent allergens. In: Contact Dermatitis. Bd. 26, S. 332–340.